IMAGINATION

IS

JN313022

MORE

IMPORTANT

THAN

想像力は
知識に勝る

KNOWLEDGE.

はじめに

どうして、日本には国旗が一つしかないのでしょう?!

当たり前です。日本は一つの国だからです。
だが、各地には県や市町村の旗があります。
だがだが、あまり、みんな、それを知りません。
もちろん、私も、知りません。
この本のアートディレクターの小杉くんも、知りません。

だがだがだが、各地には、意外と、
みんなの頭の中にある旗があります。

3秒ほど、渋谷、恵比寿、目黒、五反田を
想像してみてください。
1、2、3… ほら、あなたの頭の中には
緑色のラインが浮かびませんでしたか?
(関東以外の方、ゴメンナサイ)

じゃあ次に、3秒ほど、梅田、十三《じゅうそう》、豊中、…
と想像してみてください。
1、2、3… ほら、あなたの頭の中に、燦然《さんぜん》と「あの色」が
浮かびませんでしたか?
(関西になじみのない方、ゴメンナサイ)

これこそ、旗！　イメージの旗！

鉄道の車体は、知らないうちに、
毎日接する人たちの頭の中へ、すりこまれているのです。
この本は、そんな、各地に散らばる鉄道車体を
徹底的にそぎ落とし、
「旗」のごとくイメージ化したものを集めています。
見ていくうちに、知ってる、知ってる！とか、
これ、もしかして、実際に見てみたいかも…
なんて気持ちが湧いてくるはず。

あなたが各地の「旗」に魅せられたとき、
あなたは、鉄道愛好の第一歩を
踏み出した(?)と言えるかもしれません。
この本の隠された狙いは、まさにそこ。
鉄道の世界の「敷居」を下げること。
鉄道をもっと気軽に楽しんでもらうこと。
鉄道と言っても、何も、マニアックな運行情報や、
時刻表の話だけではないのです。

さぁ、思い思いに、
イロんなトレインのイロやカタチの世界へ。

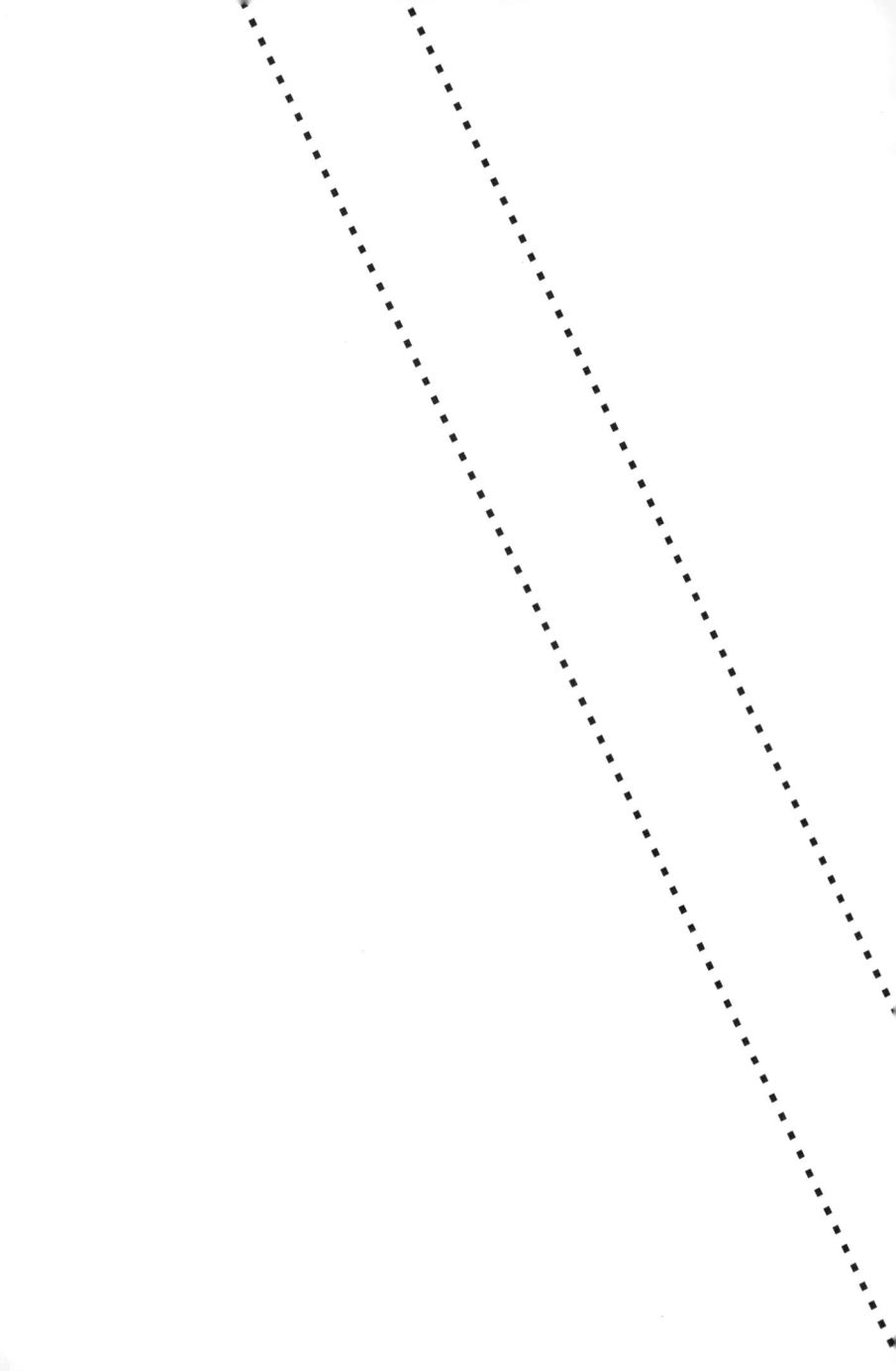

TRAIN IRO MAP

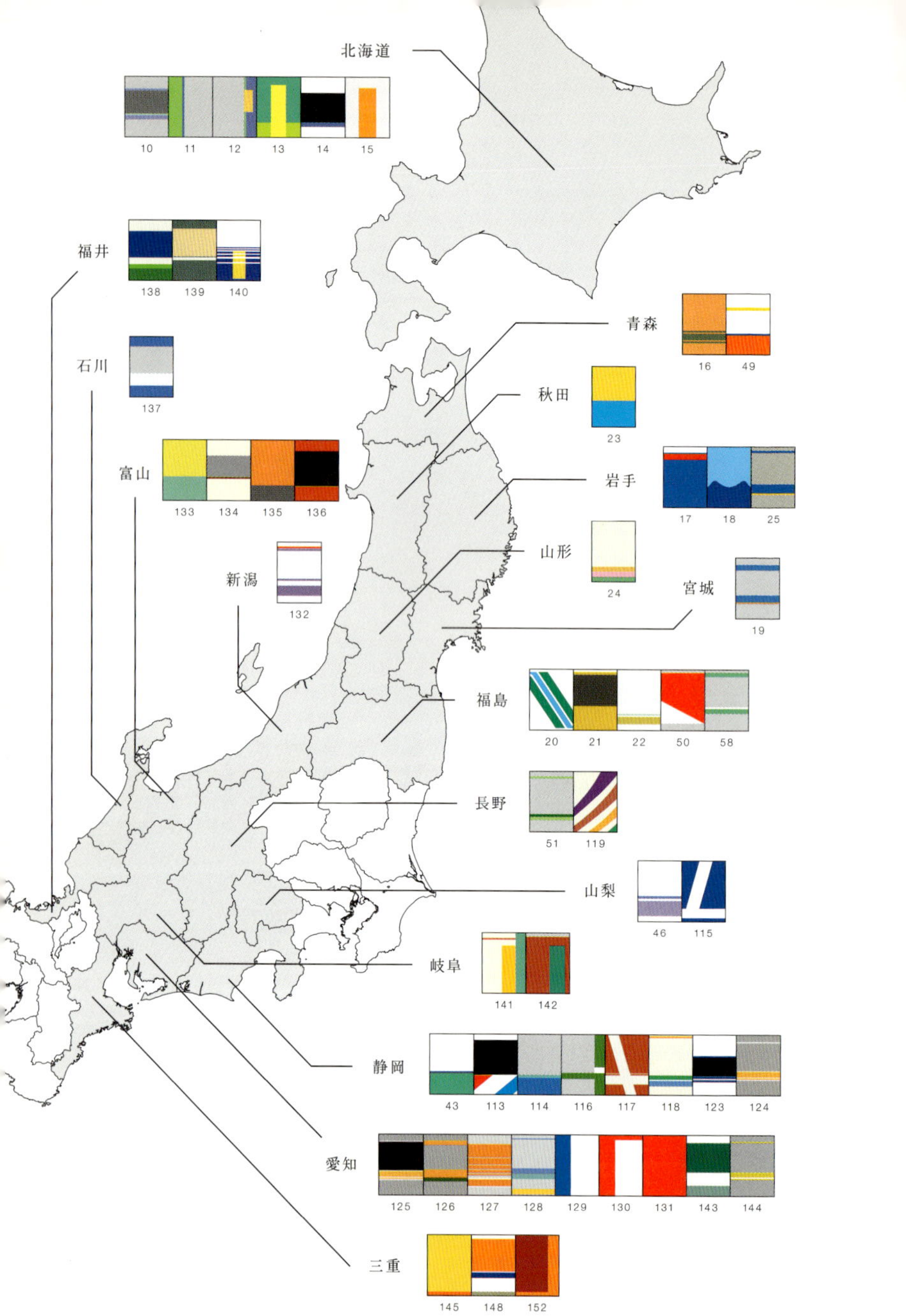
北海道
10 11 12 13 14 15
福井
138 139 140
石川
137
富山
133 134 135 136
新潟
132
青森
16 49
秋田
23
岩手
17 18 25
山形
24
宮城
19
福島
20 21 22 50 58
長野
51 119
山梨
46 115
岐阜
141 142
静岡
43 113 114 116 117 118 123 124
愛知
125 126 127 128 129 130 131 143 144
三重
145 148 152

北海道／東北／北陸／東海

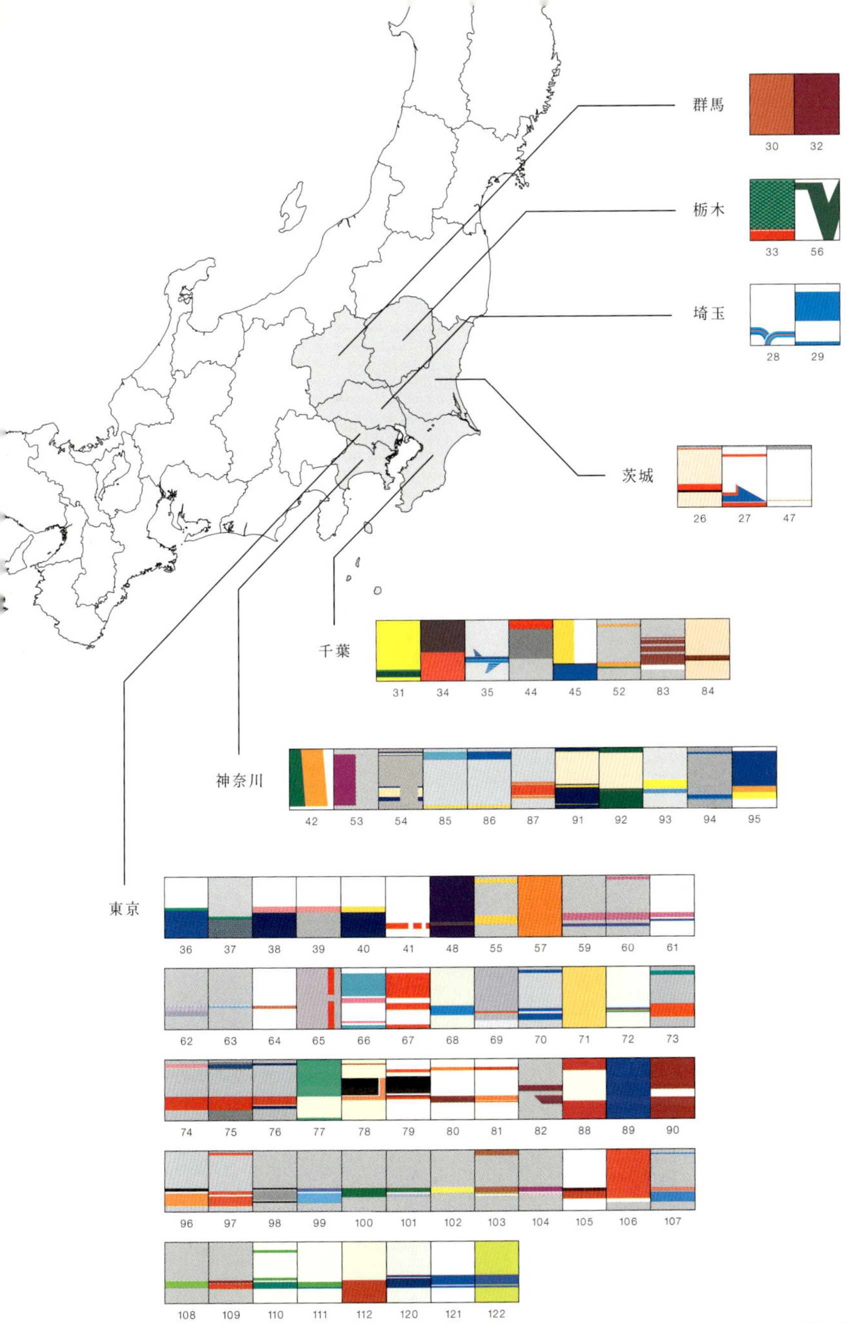
群馬
30 32
栃木
33 56
埼玉
28 29
茨城
26 27 47
千葉
31 34 35 44 45 52 83 84
神奈川
42 53 54 85 86 87 91 92 93 94 95
東京
36 37 38 39 40 41 48 55 57 59 60 61
62 63 64 65 66 67 68 69 70 71 72 73
74 75 76 77 78 79 80 81 82 88 89 90
96 97 98 99 100 101 102 103 104 105 106 107
108 109 110 111 112 120 121 122

関東

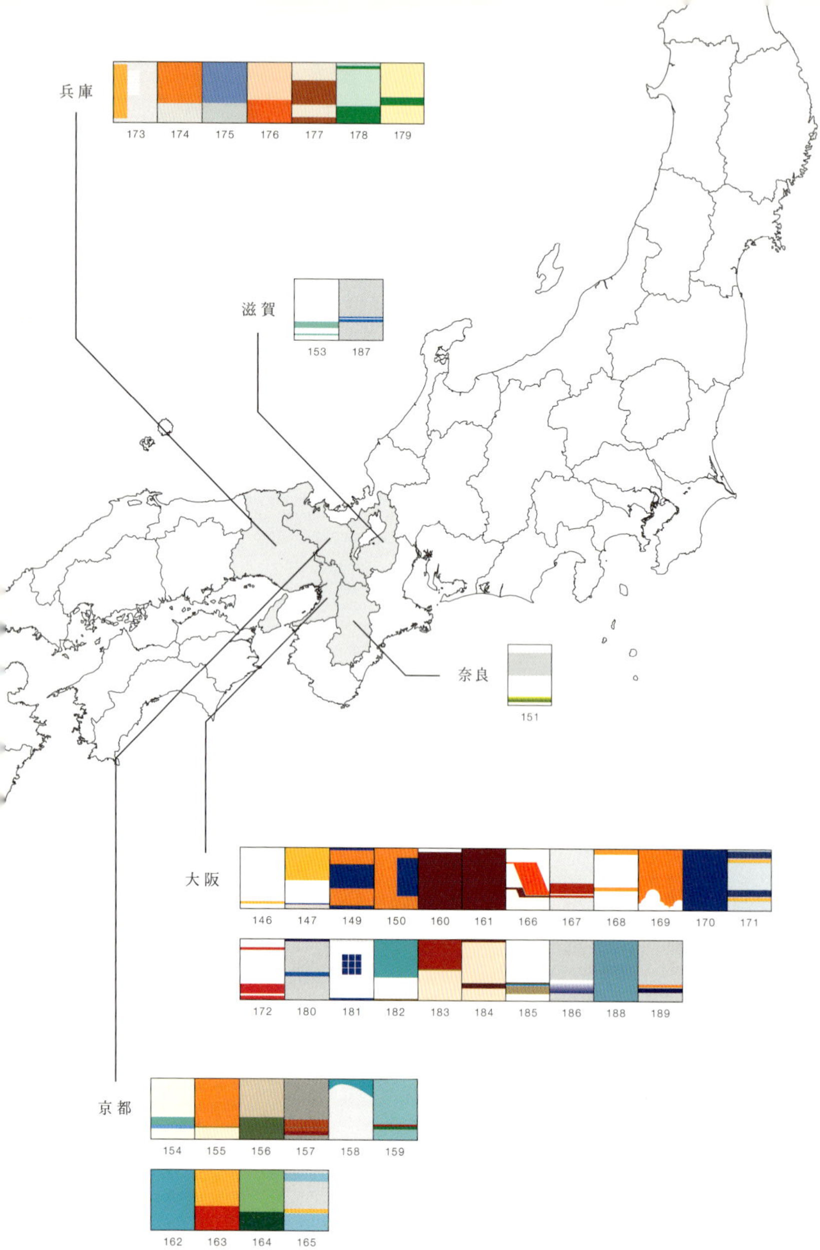
兵庫
173 174 175 176 177 178 179
滋賀
153 187
奈良
151
大阪
146 147 149 150 160 161 166 167 168 169 170 171
172 180 181 182 183 184 185 186 188 189
京都
154 155 156 157 158 159
162 163 164 165

近畿

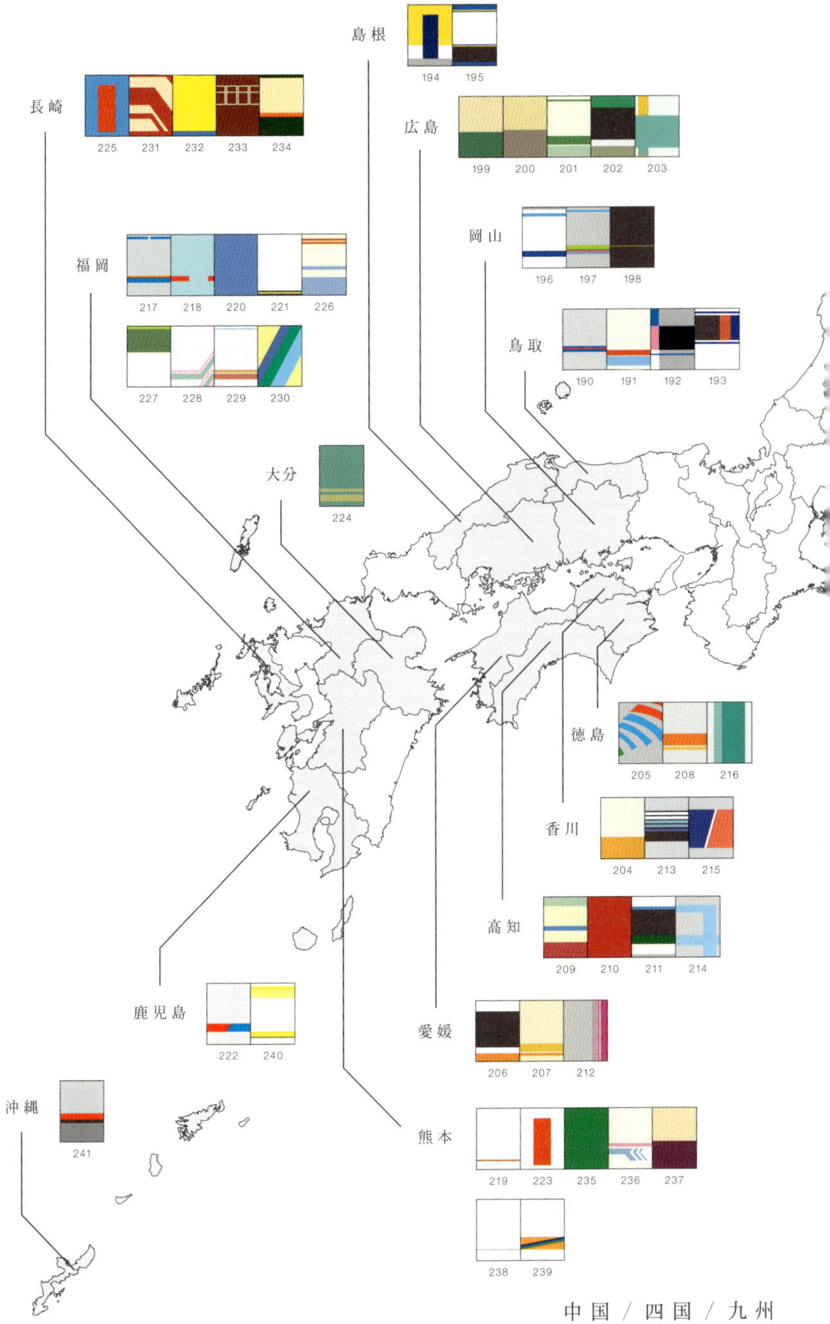
島根
194 195
長崎
225 231 232 233 234
広島
199 200 201 202 203
岡山
196 197 198
福岡
217 218 220 221 226
227 228 229 230
鳥取
190 191 192 193
大分
224
徳島
205 208 216
香川
204 213 215
高知
209 210 211 214
鹿児島
222 240
愛媛
206 207 212
沖縄
241
熊本
219 223 235 236 237
238 239

JR北海道785 / 宍戸（父）さんですか？

前面が宍戸錠に似ている。
「スーパーカムイ」などで運用。

JR北海道789 / 津軽海峡冬景色・色。

津軽海峡経由で本州に連絡。
「スーパー白鳥」などで運用。

JR北海道キハ261 / 日本人離れした目鼻立ち。

デンマーク国鉄と共同開発。
「スーパー宗谷」「スーパーとかち」などで運用。

函館市電8100 / レア！レア！レア！ 色んな事情で1両限り。残念。

函館市電 9600 / 雪と夜。

スノーホワイトをベースに、
函館山からの夜景をイメージしたデザイン。

札幌市営地下鉄8000 / 静かなのには訳がある。

札幌の地下鉄は
ゴムタイヤ履き！

津軽鉄道21 / 走れ、メロン。

沿線出身の太宰治にちなんで
「走れメロス」の愛称がついている。

三陸鉄道36−1100 / アムロ、行きます。

リアス式海岸を駆け抜ける雄姿が素晴らしい。

三陸鉄道36－2100 / 潮騒が聞こえる気がする。

「さんりくしおさい」の
愛称がついている。

仙台空港鉄道SAT721 / 押してください。

都市路線ながら、寒冷地を
走るためドアに開閉ボタン。

阿《あ》武《ぶ》隈《くま》急行8100 / 乗っただけなのに、旅立つようだ。

沿線の景色がよく、旅行気分に浸れる。

会津鉄道AT300 / 見あ〜げてごらん〜。 トンネル内走行中は、車内の天井がプラネタリウムに。

会津鉄道キハ8500 / おトクです。

座席クッションも肉厚で、
天井も間接照明を採用。

由利高原鉄道YR1500 / 都会が持てない遺産です。

稲の実りと子吉川を
モチーフに。少し旧型。

山形鉄道YR880／山形に咲く7輪の花。

各車両に沿線の花のイラストが。
「フラワーライナー」の愛称。

IGRいわて銀河鉄道 IGR 7000 / 岩手によこたう天の川。

北海道と関東を結ぶ重要ルート。

関東鉄道キハ0 / 今日も北関東を、横に貫く。

鬼怒川にほぼ並行して走ってる。

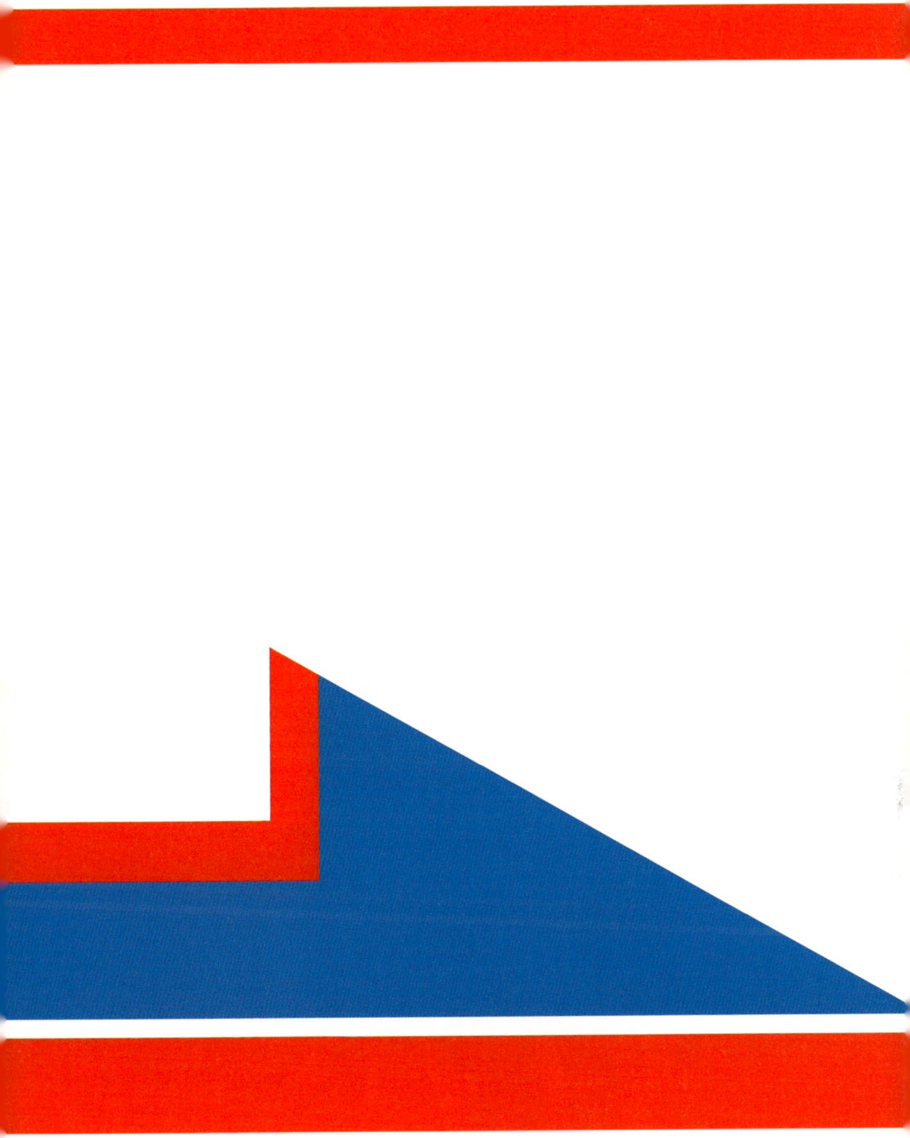

関東鉄道キハ2100 / 口笛が、よく似合う。

次世代車両として開発。
快適な乗り心地を実現。

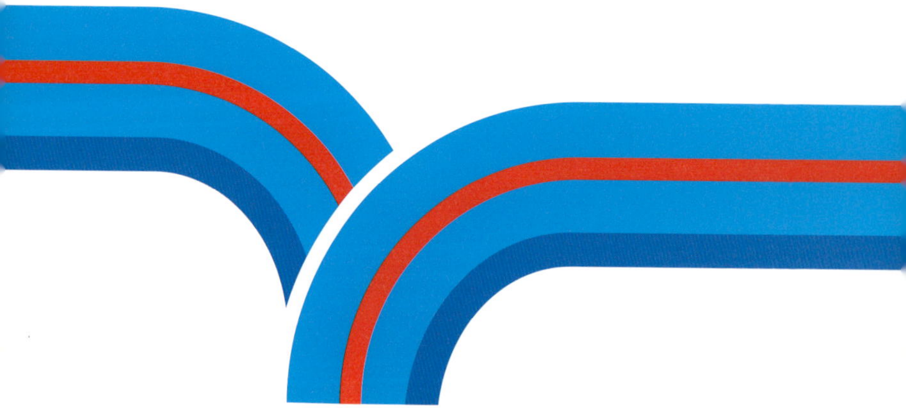

秩父鉄道1000 / 錆びるまで乗らせてほしい。

国鉄の中古であるものの、
20年以上頑張っている。

秩父鉄道6000 / 都会にはない空が広がっている。

急行「秩父路」。青空とのコントラストが美しい。

上信《じょうしん》電鉄200 / 面倒くさいから、紺色の帯は巻きません。

かつては細い濃紺の帯を巻いていたことも。

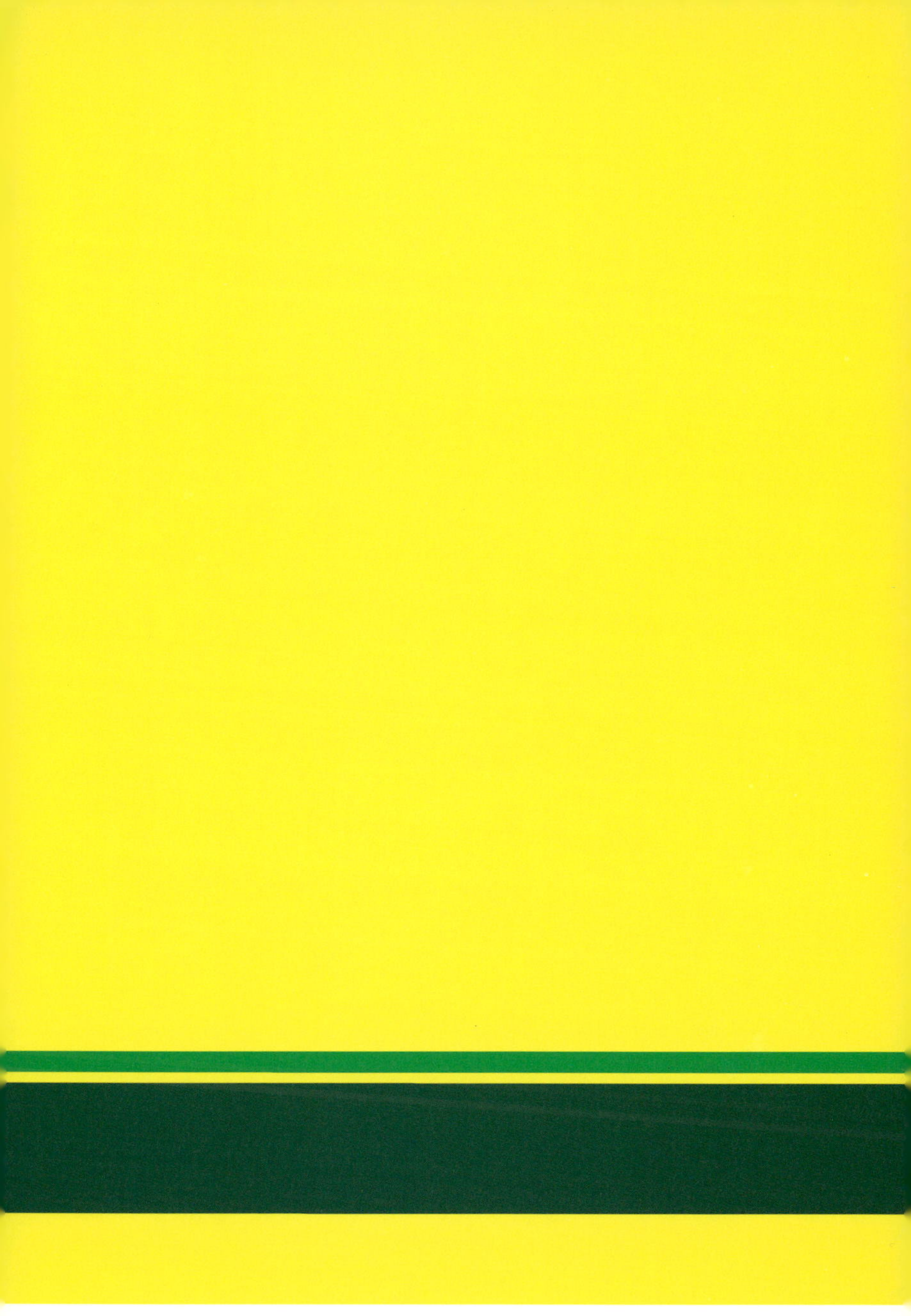

 いすみ鉄道200 / 今のままだと、少し厳しい。 赤字すぎて、廃止の危機も…。

わたらせ渓谷鉄道
わ８９－３１０

/

これに乗る、
それだけでいい一日だ。

渡良瀬川上流の
美しい渓谷を走る。

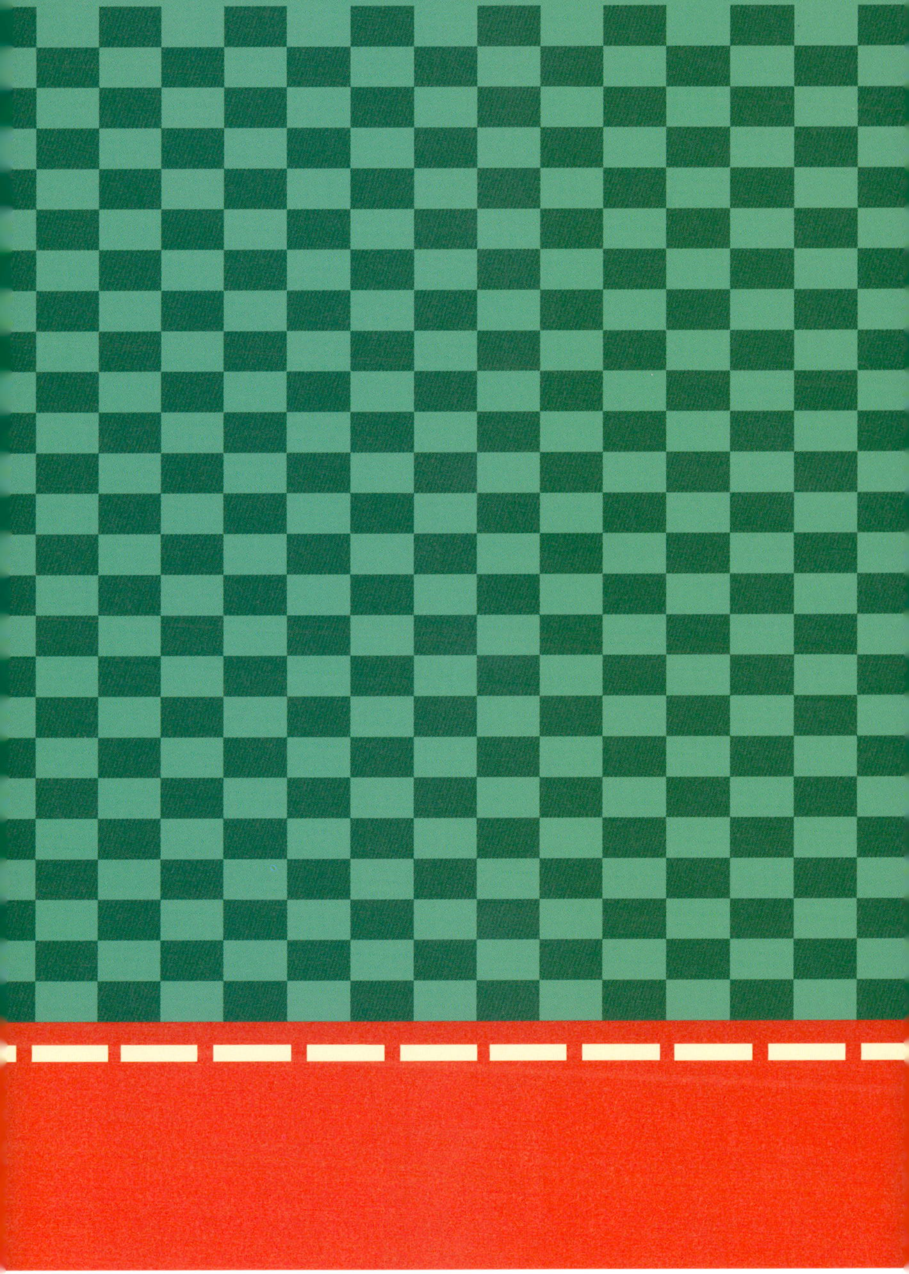

 真《も》岡《おか》鉄道モオカ14 / 夏はスイカ、
冬はクリスマスということで？

ホワイトの細帯まで
巻くとは、小粋な奴だ。

銚子電鉄デハ700 / ぬれ煎餅を買ってください。

ぬれ煎餅などの
食品販売が大好評。

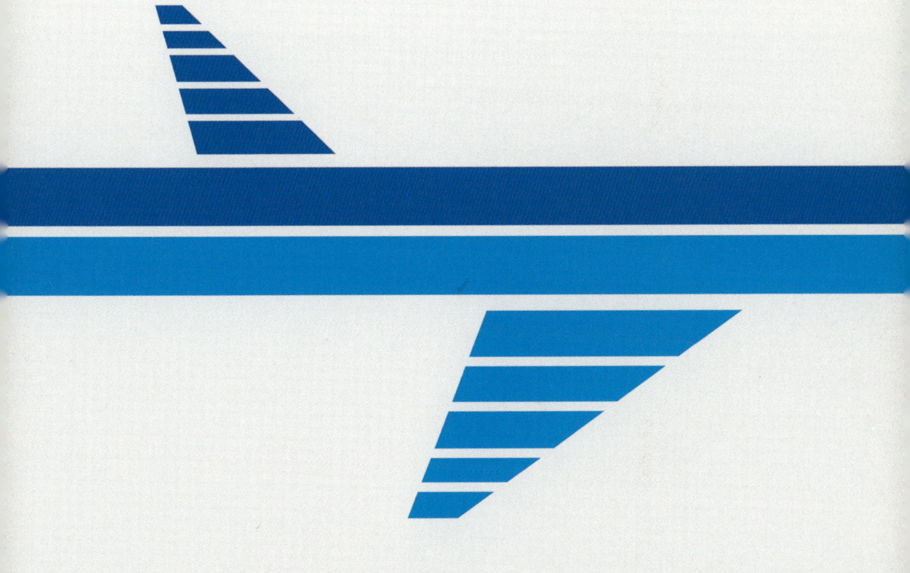

北総鉄道7500 / 成田にも羽田にも、
行けますように。

成田も羽田も結びたい思いを
託したスリットデザイン。

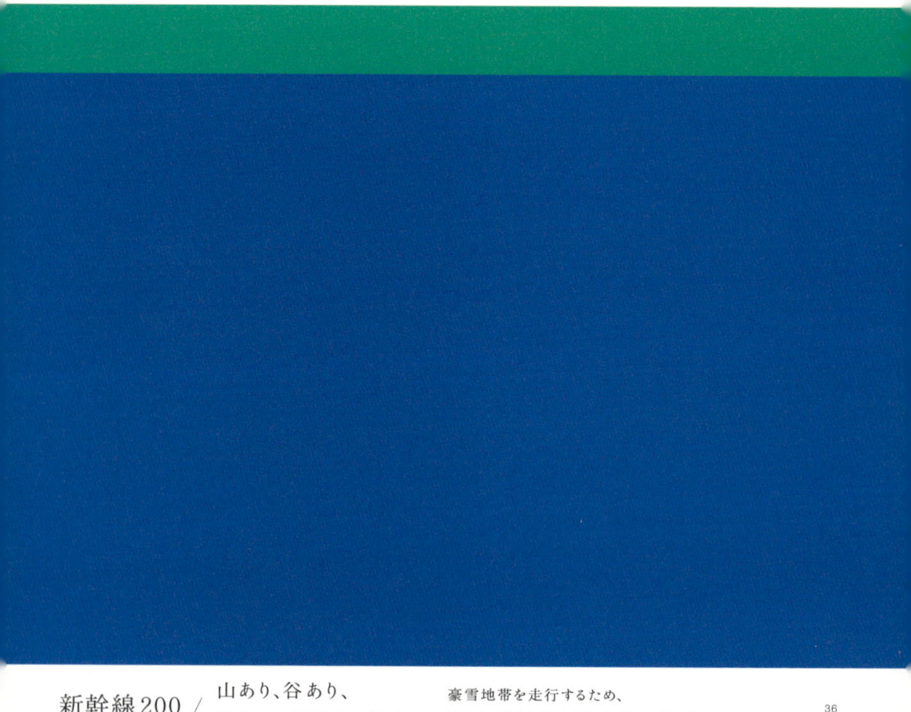

新幹線200 / 山あり、谷あり、雪あり、吹雪まであり。

豪雪地帯を走行するため、
様々な耐寒対策を採用。「やまびこ」「なすの」など。

新幹線400 / メタルスライム、発見。

「つばさ」「なすの」で運用。
メタリックな外観。

新幹線E1 / 巨大な犬。

正面が犬顔。日本初のオール2階建て新幹線。
「とき」にちなんで朱鷺《とき》色。

新幹線E３ / 経路削減。 新幹線と在来線を乗りかえなしで結ぶ。

新幹線Ｅ４ ／ 走らなければ、
ただのカモノハシ？

鼻先をぐんと突き出した
ロングノーズ・デザインが印象的。

新幹線E926 /

ご縁がなければ、
会えません。

かなりの区間を走れる万能試験車。
ただ、毎日運転はしてない。

JR東日本185 / 著者とは同い年。

昭和56年生まれ。
湘南伊豆のみかん畑をイメージしたカラーリング。

JR東日本251 / 伊豆への踊り子。

伊豆への旅を楽しむための「スーパービュー踊り子」。
座席のバリエーション豊富。

JR東日本253 / 飛び立つために、飛び乗ろう。

成田エクスプレスだけに、
各車両デッキには大型荷物置き場。

JR東日本255 / 房総の青、房総の光。

房総方面の特急「しおさい」「わかしお」など。
レジャーからビジネス用まで幅広く。

JR東日本E351／ドロンパじゃないか。

オバQに出てくる某キャラに似ている。「スーパーあずさ」。

JR東日本651 / タキシードボディ。

常磐線「スーパーひたち」などで活躍。
斬新なデザインに品格ある室内。

JR東日本E655 / 天皇陛下、万歳。

お召し列車などに使われるハイグレード車両。
もちろん、全車両グリーン車。

JR東日本E751 / いつかは、青函トンネルへ。

特急「つがる」として
八戸－弘前間で運用。

JR東日本クロハ455-1 / 磐梯山の赤鬼。

磐梯西線、仙山線で活躍中。
国鉄時代の生まれ。

JR東日本E127 / 越後、信濃の山手線？

新潟、長野で活躍する通勤タイプで、朝夕の混雑緩和に貢献。

JR東日本211 / 千葉にいるときは、別の顔。

千葉方面での転用時、東海道や
宇都宮方面と異なり、青と黄に。

JR東日本215 / 前から見れば、美白の女王。

正面部が白で塗装。
「湘南ライナー」などで運用。

JR東日本E217 / 水着で乗ってもいいんじゃない？

砂浜と海をイメージした横須賀線のラインカラー。通称「スカ色」。

JR東日本E231 / 黄色いアイボ？

正面からの姿がアイボ？
首都圏だとあちこちで。ちなみにこの色は総武線。

JR東日本107 / 国鉄らしさが走ってる。

Nのような形は日光線の頭文字から。北関東で活躍中。

JR東日本201／斜陽とは呼ばせない。

中央線でおなじみ。省エネなどの
進化で電車史に燦然と輝く名車。

JR東日本E501 / 元・歌手。

以前は発車するときに音階を出す「歌う電車」。常磐線などで使用。

京王 9000 / 京王らしさが、さりげない。

京王が誇る最新鋭車両。
スマートにストップ＆ゴー。

京王 8000 / まるで高級車。

窓も大きく、近距離の移動から
長距離のドライビングまでこなす。

京王 6000 / カッコ悪くてカッコいい。

正面から見るとスマートさに
欠けるものの、広々、ポカポカした車内。

京王 1000 / 新しいけど、色、ロハス。

井の頭線沿線のあじさいと
マッチしている。

京王 3000 / いまが見納め？

沿線の住宅街の落ち着きと合っている。
車内は古くさくない。

小田急50000 / ロマンスがとまらない。

展望席も復活し、とにかく天井も高い。
最新ロマンスカー「VSE」。

小田急 30000 / 現実的すぎないだろうか…。

展望席なし、スーパーシートなし、など
実用本位のロマンスカー「EXE」。

小田急 20000 / さわやかテイスティ。

軽快なライン、さわやかな風。
ロマンスカー「RSE」。

小田急10000 / 愛される赤いキツネ。

2編成が長野電鉄に譲渡。
ロマンスカー「HISE」。

小田急 8000 / 小田急沿線、どこでも参上。

各停から快速急行まで
幅広くこなす、小田急の主力。

西武10000 / 過激派なのは、名前だけ。

93年登場の特急
「ニューレッドアロー」。

西武 20000 / 東武かと思った。

西武で一番新しい通勤車両。
どことなく東武風なのは気のせいだろうか。

西武9000／黄色でこそ、西武だ。 最後に製造された「黄色い西武」。

西武4000 / 西武唯一のライオンズ（昔）。

西武で唯一の（昔の）
ライオンズカラー。平日は秩父線。

東急5000 / 故障に強いけれど。新しいけど。

田園都市線の
ラッシュはものすごい…。

東急5050 / 今やすっかり、東横の顔。

窓も大きく、近距離の移動から
長距離のドライビングまでこなす。

東急5080 / 乗れたらラッキー。

目黒線で主に運用。
が、遭遇すること自体、結構レア！

東急3000 / 加速力には目を見張る。

従来の東急スタイルを打ち破った、
力強い加速力。

東急300 / 路線バス?

運賃箱などがあるほか、
「和」のテイスト。世田谷線で見かけます。

東武100 / バブルにGO。

ホテルかと思うほどの豪華さ。
見た目以上のすごさ。「スペーシア」で運用。

東武200 / 赤帯がまぶしい。

昔のロマンスカーに
色も似ている?顔も似ている ?

東武350 / 酒を飲んでもいいですか?

観光バスっぽい雰囲気が、
くつろぎやすい。団体用にも使われる。

東武6050／北関東はオレの庭。

日光、鬼怒川方面で
縦横無尽に働いている。

東武20000 / メトロだと思ってました。　日比谷線乗り入れ用車両。

新京成N800 / Nがつくのは、
新幹線以外だとオレくらい。

4本線は、沿線の松戸、鎌ヶ谷、
船橋、習志野をイメージ。

新京成8000 / 人呼んで、習志野のタヌキ。

正面からの姿が
タヌキに似ている。

相鉄10000 /

得たものも大きい。
失ったものも大きい。

進化した分、相鉄らしさが減少。
しかし、最新鋭。

相鉄9000 / イメチェンしたのは計算から?

将来をにらんだ塗装がえか。
相鉄から赤色が減っていくのは少しさみしい。

相鉄　新7000 / 古い方が、らしさがある。

見慣れた色は、
やはり愛着がある。

京急　新1000 / タモさんも貸し切った優等生。

「人に優しい新1000形」らしい。
文句なし。

京急600 / 全日空ではありません。

登場時は赤かった。
ブルースカイトレインとして運転開始。

京急800 / ダルマだ！　正面から見た姿がダルマに似ている。

江ノ島電鉄10 / 江ノ島の異端児。

オリエント急行を
思わせるレトロなデザイン。

江ノ島電鉄500 / 変わらないということ。

初代500系の
イメージを踏襲したデザイン。

横浜高速鉄道Y000 / こどもに戻りたい。

こどもの国線・専用。
運行や整備は東急が行っている。

横浜市営地下鉄3000S / お客様満足度
ナンバーワン?

「お客様にSatisfaction」
ということで「S」がついてる。

横浜新都市交通1000 / 見下ろす喜び。

海と空を眺めながら走る、
シーサイドライン。

東京メトロ01 / 外もあったか、中もあったか。

銀座線。塗装、内装ともに暖色。
小さいわりに、狭く感じない。

東京メトロ02 /

乗ったらわかる、
こいつの優しさ。

おなじみ、丸ノ内線
車内外の人に優しい設計。

東京メトロ03 / 帝都の銀ギツネ。

外見も中身も、シックそのもの。
日比谷線で運用。

東京メトロ05 / 朝はブルー。 東西線だけに混雑はすごい。

東京メトロ 6000 / 牢屋みたいだけど、好きだけど。

側面窓が牢屋のように小さい。マニアには人気の千代田線車両。

東京メトロ06 / 中までどこかしら、ロイヤル。

「千代田」線だけに、
内装は和風。

東京メトロ7000 / 恐怖のギロチン?

ドア開きが素早い。ドカンと開いて、ドカンと閉まる。有楽町線、副都心線など。

東京メトロ10000／丸顔で、美肌。

新しいため、綺麗であるのと同時に、
正面は丸顔。有楽町線、副都心線など。

東京メトロ 08 / メトロの「新しい尺度」。

半蔵門線の新型車両。押上までの
延伸に伴い、2003年にデビュー。

都営地下鉄5300 / 白い弾丸。

浅草線を疾走する
清潔感あふれるデザインと室内。

都営地下鉄 E5000 / 赤い忍者。

大江戸線を牽引するための電気機関車。
汐留と新橋の間の隠れ線路に潜む。

都営地下鉄6300 / 著者もお世話になってます。

西高島平から武蔵小杉まで走ってるかと思うと、かなりの強者か。

都営地下鉄 10−000 / 神様、もう少しだけ。

けっこう傷んできた新宿線車両。
もう少し働いてほしい。

都営地下鉄12−000 / 山の手から下町まで、神出鬼没。

大江戸線をリニアモーターで駆け回る。

都電 7000 / オレが都電だ。

広島電鉄を始め、
路面電車に大きな影響を与えた車両。

都電8500 / 新しいのに少数派　なかなか、お会いできません。

都電 9000 / レトロですが、最新です。

都電荒川線を活性化すべく、
観光客をターゲットにレトロな内装、外装。

伊豆急 2100 / 髪の毛は、切れません。

理容店のサインポールを思わせるカラーリング。

伊豆急 8000 / 君は海派か、山派か。

海側と山側で、座席が異なる。
海側がクロスシート。

富士急 1000 / まさに富士。

富士山のシルエットが描かれた
大胆なデザイン。元・京王。

岳南《がくなん》鉄道8000 / 朝型の方とは、お会いできます。

朝の4往復のみ。ミニ私鉄さが、
随所にあふれる。

遠州《えんしゅう》鉄道30 / 遠州で、俺に楯突く奴はいない。

駅間が短い所も多く、
地域密着で気軽に乗れる。

天竜浜名湖鉄道 TH2100 / 浜名湖と、田園と、みかん畑と。 席の座り心地も デザインも、よろしいかと。

松本電鉄3000 / 田園のカブキ者。

田園地帯では実に目立つ、側面のストライプ。遠目からもくっきり。

新幹線300 / できた頃のインパクトは凄かった。

元祖「のぞみ」。パイオニアで
あるものの、近い将来、引退の予定。

新幹線 700 / 陸のジェット機。

航空機との激烈な
旅客獲得競争を行う。

新幹線923 / 新幹線のお医者さん。

軌道のゆがみや電流などを計測する、
通称「ドクターイエロー」。

JR東海371 / 窓際を奪い合え。

小田急への乗り入れを意識してか、先頭最前列は展望仕様。「ワイドビューあさぎり」など。

JR東海 373 / いい意味で、便利屋?

普通列車から特急列車まで
幅広く運用可能な車両。

JR東海383 / その速そうな君は、
本当に速い。

カーブや山道でもスピードを落とさず
走る振り子式。「ワイドビューしなの」。

JR東海 213 / ラッシュの中をラッシュする。

関西本田でラッシュ時の
快速を中心に運用。

JR東海 313−8000 / すべてが、ひとつ上。

快速列車「セントラルライナー」用。
内装も特別。

JR 東海キヤ 95 / 中部地方をヘルシーに。

通称「ドクター東海」。
線路の状態を効率的に検測。

名鉄 2000 / 青いのは龍のせい?

ドラゴンズではなく、洋上空港へ
向かう「空と海」をイメージ。

名鉄 2200 / MEGMILK?

中部国際空港へのアクセス用として
デビュー。名鉄カラーのスカーレット。

名鉄 1380 / 名古屋のタバスコ。

踏切事故を受けて改造された赤一色の車両。

北越急行 HK100 / スローな土地で、ぶっ飛ばす。

特急に先行して各駅停車しつつ、
待避駅まで逃げ切る破格の高速性能。

富山地方鉄道 10030 / 若い頃は、おけいはんでした。

元・京阪特急。
ワンマン用に改造済。

富山地方鉄道14760 / 富山の重鎮。

昭和54年より、今もなお
富山地方鉄道の主力として活躍。

黒部峡谷鉄道EDR / 黒部の太陽。

北アルプスの秘境に挑む
「黒部峡谷鉄道」。通称トロッコ電車。

万葉線 MLRV1000 / 田舎だからって、甘く見るなよ。 全低床型路面電車にして、愛称「アイトラム」。

のと鉄道ＮＴ２００ / 鉄ちゃん以外は知らないか?

ＪＲ七尾線を経由し、
何と金沢まで乗り入れ可。

福井鉄道800 / 福井の皆さん、
どうかかわいがってやってください。

名鉄から福井鉄道へ
加入の低床車。

福井鉄道203 / 走るだけで、
そこが昭和になっていく。

変わる町並みで、変わらぬ
デザイン。昭和35年生まれ。

えちぜん鉄道 MC 6101 / 中古なのに、古くない。

元・愛知環状鉄道。
改造により、今や主力。

樽見《たるみ》鉄道ハイモ295－315／鑑賞可能。

故・池田満寿夫《ますお》による、
アートとも言うべきカラーリング。

長良川鉄道ナガラ3 / サンタが乗るのだろうか。

山道だと、この色はよく映える。
長良川鉄道の主力。

豊橋鉄道モ800／岐阜でお会いしたのは、別の方でしょうか？

2005年から活躍中。
その姿は名鉄時代と変わらない。

名古屋市営地下鉄N1000 / 7年ぶりの新人。

東山《ひがしやま》線では7年ぶりの新型。
名古屋の地下を駆け抜ける。

三岐《さんぎ》鉄道270 / この色には、人生がにじみでている。

近鉄北勢《ほくせい》線でデビューの後、三岐へ。冷房装置が車内に!

近鉄 21000 / 速い。速すぎる。

近鉄特急のイメージを大きく変えた
目玉車両。「アーバンライナー」。

近鉄 23000 / 見かけのわりに、中身はド派手。

伊勢志摩へのリゾート輸送を中心に。「伊勢志摩ライナー」。

近鉄 30000 / ビスタ3世陛下。

近鉄特急のシンボル
「ビスタ・カー」の3代目。

近鉄 12400 / ザ・近鉄。

サニーカーの愛称を持つ。
昭和天皇がご利用あそばされたこともある。

近鉄 22000 / 俺こそが、真のエース。

巨大鉄道網をカバーする汎用特急車。
愛称「ACE」。芋虫に似た面構え。

近鉄 26000 / 吉野に匂ふ山桜。

吉野・大和路方面の
観光向け特急「さくらライナー」。

近鉄 260 / 陽はまだ昇るか。

内部線・八王子線で運用中。
線路幅が狭い。昭和57年生まれ。

信楽《しがらき》高原鐵道 310 / 教訓を、忘れない。

1991年の事故を教訓に
安全強化が図られている。

叡山《えいざん》電鉄デオ800／義経のふるさとへ。

京都の中心部から
鞍馬《くらま》方面を結ぶ主力。

叡山《えいざん》電鉄デオ900 / もみじに乗って、もみじを見よう。

沿線の紅葉をイメージしたカラーリング。大好評の車両。

京福電鉄モボ 2001 / 嵐へ行く男。

嵐山本線で運用され、
京都中心部と嵐山を結んでいる。

京都市営地下鉄50 / 平安神宮にも南禅寺にも
二条城にも、おこしやす。

京都を東西に貫く東西線。

北近畿タンゴ鉄道ＫＴＲ８０００ /

海？山？
どっちもだ。

海と山に囲まれた丹後を走る、
「タンゴディスカバリー」。

北近畿タンゴ鉄道 KTR 800 / タンゴ、タンゴ、タンゴ♪　宮津線で運用。

阪急 8200 / 品格ある箱。

阪急と言えば、のマルーンカラー。
見た目は箱っぽいが、乗り心地よし。

阪急 2300 / 後輩はあなたを見て育った。

現在の阪急電車の
礎《いしずえ》となった最古参。

京阪 10000 / 関西のティファニー。

45年ぶりに車体色を
ターコイズブルーに変更した。

京阪 8000 / からし

京阪を代表する特急車。
テレビつき。

京阪 7200 / あぁ癒される。 京阪が21世紀に向けた通勤形として製造。

京阪 800 / キミはすごい。

日本で唯一、地下鉄区間と
路面電車区間を直通する車両。

北大阪急行 8000 / 混血児。

御《み》堂《どう》筋《すじ》線と阪急のラインカラーを
上下に巻く。「ポールスター」の愛称。

大阪市営地下鉄10 / 弁当箱?

御堂筋線の主力。
鈍く輝く銀色が「地下鉄らしさ」を醸し出す。

大阪市営地下鉄80／地底のランナー。 今里《いまざと》筋《すじ》線を走るリニア地下鉄。

阪堺《はんかい》電車モ501 / 雲オトコが今日も行く。

製造当時の最新技術を
注ぎ込んだ、阪堺電車の主力。

南海 50000 / 鉄人28号、なにわに現る。

空港特急「ラピート」で使用。
鉄仮面とも呼べる前面部。

南海 10000 / 湘南以外にもサザンはいる。

特急「サザン」で使用。
1985年生まれ。

南海 31000 / 華やかに参拝しよう。

特急形車両。
高野山へ向かう人たちを乗せる高野線で運用。

阪神 1000 / なかなかの面構えじゃ。

近鉄乗り入れに対応すべく開発。
愛称は「ジェットシルバー」。

阪神 9300 / もしや、お前、
ジャビットではないだろうな(怒)。

巨人軍のチームカラーに似た
カラーリング。けど阪神。

阪神 5500 / TOKIOと対決。

ザ！鉄腕！DASH!!で
TOKIOの5人とリレー対決した。

阪神 8000 / 震災を乗り越えて。

阪神大震災で被災したものの、
阪神を代表する車両。

北神《ほくしん》急行 7000 / 阪急には染まらない。

デザイン面では阪急の影響を大きく受けているものの、車体色は異なる。

神戸市営地下鉄 1000 / 神戸の長老。

開業当時から運用。
神戸の地下をひた走る。

神戸新交通 8000 / 路面じゃないのに、路面なカラー。

ポートライナー
開業時から運行。

新幹線 500 / ぶっとばすウナギ。

JR西日本が開発。
銀色のボディと正面の顔がウナギに似ている?

JR西日本281 / とっても高価なIHジャー？

1両あたり1.6億の関空特急「はるか」。
正面の顔がIHジャーを思わせる。

JR西日本283 / 太平洋のイルカです。

「オーシャンアロー」の愛称。
南国へのリゾートムード満点。

JR西日本285 / 陽は、毎日昇る。

夜明けをイメージしたカラーリング。
東京と出雲や高松を結ぶ夜行。

JR西日本117 / 福知山から和歌山へ。 福知山線から転属し、塗装も変わった。

JR西日本221 / 貫禄、十分。功績、十分。

快適な居住性と高速性能で、投入が続き、
新快速や大和路快速の主役に。

JR西日本223 / かっこよくて、よく走る。最高じゃないか。

JR西日本を代表する車両。京阪神を駆け巡る。

JR西日本521 / 皆さまの、おかげです。

滋賀県と福井県が税金を投入して
製造したので、両県での限定運用。

JR西日本201 / 末永く、お元気で。

国鉄初の省エネ電車。
延命工事も終了。

JR西日本207 / 忘れるために変えるか、
思い出さないために変えるか。

「福知山線事故を思い起こさせる」
として塗装変更。

JR西日本 キハ 126 / 欲張ると、速くなった。

山陰本線の高速化のため、登場。
軽量ステンレス製・気動車。

若桜《わかさ》鉄道WT3000 / 100円あったらマックもいいけど、これ乗ろう。

群家《こおげ》〜八頭《やず》高校前の大人普通運賃、なんと100円。

智頭《ちず》急行 HOT7000 / 必殺、はくと神拳！

通称「スーパーはくと」。山間部で威力を発揮する制御式自然振り子を持つ。

智《ち》頭《ず》急行 HOT3500 / 車内が名所。

座席は大きな対面シートで、
カーテンも装備。グレード高し。

一畑《いちばた》電車 3000 / 見たまんまの奴。

派手に揺れて、派手ににぎやか。
南海出身。

一《いち》畑《ばた》電車 5000 / 神々の里で。

「出雲大社号」として、
出雲大社への参拝客を運んでる。

水島臨海鉄道 キハ20 / 元·国鉄マン。

国鉄より購入。乗り降りする際は、
手で開けてください。

井原鉄道IRT355 / 傑作やろ?

第三セクター向け気道車であるものの、
最高運転速度・時速110キロ。

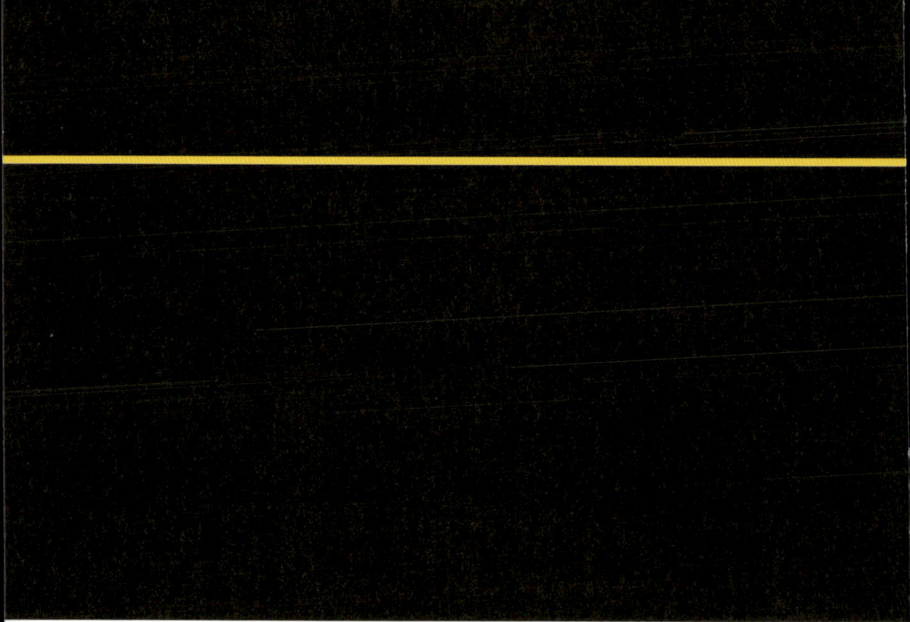

岡山電気軌道 3007 / 走る遺産。

岡電唯一の非冷房車にして、
つり手は本革など、古めかしいつくり。

広島電鉄 650 / 8月6日を忘れない。 被爆電車として有名。

広島電鉄 750 / 動く電車博物館。

経費節減から塗装を大阪時代から変更せず、
それが逆に好評。

広島電鉄 3800 / マイナスイオンまで出してくれ。

省エネ·省電力のための
最新技術採用。

広島電鉄 5000 / お上も認めた特別車。

編成の長さが法律の範囲に収まらないため、
国交省の特認を受けている。

広島電鉄 5100 / 低床車のゴールかもしれない。

国産初の完全超低床車で、
従来では不十分だった箇所を改良。

高《たか》松《まつ》琴《こと》平《ひら》電鉄 1200 / 琴平の竹下派。　琴平線在籍車両中、最大両数を誇る。

205 阿佐海岸鉄道 ASA101 / 涙ぐましい努力の跡。

沿線人口が少ないうえに路線距離も短く、厳しい営業努力が続く。

伊予鉄道 モハ2100 / 限りなく地面に近いハッピー。

床面高さがレールから350mmと超低床。

伊予鉄道 800 / ダサかわいい。

元・京王。
独特の雰囲気がチャーミング。

伊予鉄道 610 / 中古ばかりに頼らない。 地方私鉄としては、久々の自社オリジナル車両。

土佐電鉄 200 / 歳とると、朝型になっていく。

老朽化が激しい上に非冷房車が多く、
夏場は朝以外ほとんど動かない。

土佐電鉄 590 / 名古屋から来たアカ?

性能もよく、古いわりに走行音も
静かで乗り心地はいい。

土佐電鉄2000 / 新しくなった。重くなった。

段差の少ないステップなど、バリアフリーの面で大きく進化するも、車体が重くなった。

JR 四国 8000 / 無駄がない。　木材や木目を使うなど、車内の充実ぶりには高評価。

JR四国 5000 / 二冠王。

グッドデザイン賞・ブルーリボン賞を受賞。
朝から深夜まで本州と四国を結ぶ。

JR四国 2000 / 大声を上げながら、
くねる肢体。

高らかにエンジン音を響かせ、
右へ左へ車体をくねらせる制御式振り子装備。

JR 四国 N2000 / 走る走るオレたち。

最高速度・時速130キロを
実現するため改良。

JR 四国 1500 / 明日のために、
これ乗ろう。

環境対応型エンジン搭載で、地球に優しい。

西鉄 3000 / 乗せ上手。

西鉄初のステンレス。性能は、特急に使用しても遜色ない気がする。

西鉄 7000 / 鹿児島にでも移って、
快速やったら?

各停にしか使ってないのは、少しもったいない気も。

新幹線 800 / 九州を狭くした。

ご存知、
九州新幹線「つばめ」。

JR 九州 883 / 九州の海は美しい。

博多 − 大分の所用時間を短縮。
「ソニック」で使用。

JR 九州 885 / 台湾でも僕とは会える。

「かもめ」などで使用。
台湾にも輸出され活躍中。

JR 九州 811 / 見た目も中身もハイセンス。 車内も静かで、座席も心地よい。

JR九州815 / 仕事してるって顔してる。

ローカル線の主力。
ワンマン運転も可能にすべく運賃箱も装備。

JR 九州 キハ71 /

グリーンだけど、
グリーン車はありません。

ドイツの流線型を思わせる。
レトロな車体。

JR 九州 キハ200 / SLならぬSSL。

シーサイドライナー、
略称SSL。

筑豊電鉄 3000 / 見た目は電車、走り出せば路面味。

路面電車の影響を受けた窓などが特徴。

福岡市営地下鉄3000 / アレクサンダー・ノイマイスター作「福岡の山々」。ドイツ人によるデザイン。七隈《ななくま》線で運用。

甘木《あまぎ》鉄道 AR300 / 見た目は優しく、中身は渋い色男。

座席シートの色など、
渋めの内装。

平成筑豊鉄道300 / 追いかけると
止まってくれる優しいお方。

地域の重要な足として
親しまれている。

平成筑豊鉄道 400 / 九州には常春な場所がある。 「なのはな号」の愛称を持つ。

島原鉄道 キハ2018 / ラッシュに走るからトイレない?
トイレないからラッシュに走る?

ラッシュ時を中心に運用。
トイレは撤去。

島原鉄道 キハ2500 / 豊穣の実りと、有明の海と。 島原の顔とも言える主力列車。

長崎電鉄 168 / なんと、木造。

なんと、1911年生まれ。
日本最古の木造ボギー車。

長崎電鉄 1051 / 昭和27年生まれ、仙台出身。 元・仙台市電。

熊本電鉄 5000 / もうすぐしたら、さようなら。

東急時代の名残があちこちに。老朽化のため廃車が進む。

くま川鉄道 KT200 / 絶賛、乗車歓迎中。

県内外からの観光客を
呼び込むため試行錯誤中。

熊本市電5014 / 最近、少々お疲れ気味？

オイルショックの
頃から走ってます。

熊本市電 9700 / みんなにやさしい。 日本で初の超低床路面電車。

肥《ひ》薩《さつ》おれんじ鉄道 HSOR100 / 必殺、柑橘《かんきつ》系

1両なのにトイレまである。
鉄道名に合った車体色。

鹿児島市電 7000 / 視界広すぎ。 愛称は「ユートラム2」。フランス風の流線型。

沖縄都市モノレール / ご乗車になるまで、
風にご注意ください。

強風時は、
ホームが寒く感じるかも。

IROI

HANASHI

イロい話　その1

「色」で人を分類したのは、聖徳太子の時代にまでさかのぼる。
などと言うと大げさだが、これは本当。
小学校で誰でも習う「冠位十二階」というものを――
覚えているだろうか。
冠位と書かなければならないところを、
官位と書いてしまって×にされたりした記憶があるが、
あれは簡単に言うと人をランクづけする制度。

何とこれに「色」がついてくるのはご存知だったろうか。
一番上のランクから大徳《だいとく》、小徳《しょうとく》、大仁《だいにん》、小仁《しょうにん》…
と12個あるのだが、
それぞれ濃い紫、薄い紫、濃い青、薄い青…の
色をした冠をかぶることになっていたようだ。
ちなみに一番下のランクは小智《しょうち》で、
色は薄い黒。小知恵がついているみたいで、しかも薄いブラック。
私だったら御免こうむりたいランクである(笑)。

当時の人は、濃い紫を見かけたら、「あ、この人はすごい！」とか、
薄い黒を見かけたら「あ、何だ…」と
思っていたのかと想像すると少しユカイ。
千年以上経っても、同じようなことを
私たちは繰り返している訳で、鉄道の色を見ても、
「あ、こいつはいかにも阪神電車だ！」とか
「この路線、ちょっと田舎くさいな」とか思ってしまう。
「東京の山手線」と思い浮かべた瞬間、少しだけ頭の中が
緑色に変わる（私だけ？）のも、全く同じ現象だと思う。

人もモノも見た目が８割９割だと思うが、
さらにその見た目のうちの８割９割は色なんじゃないだろうか…。

イロい話　その2

流行色というものが気にいらなくて仕方がない。

今年はイエローが流行ります！

なんて、毎年、年度が新しくなったりするたびに
雑誌（特に女性誌ね）を賑《にぎ》わしているのは、
皆さん、ご存知かと。

流行色協会という団体が存在し、
そこがトレンドカラーなるものを発表している。
ただ、話はこれだけにとどまらない。
日本流行色協会の上にはさらに、国際流行色委員会なる団体が
鎮座《ちんざ》しているのだ。そこが決めた色を参考にしながら、
日本国内用にカスタマイズしているようだが、
もうここまで来ると、話がオオゴトになっていて何やらユカイ。

それでも私が流行色を気に入らない理由は、
「団体が決定しているという権威性から」なワケじゃない。

気にいらないのは、流行色の注目の仕方だ。

ある年の流行色をイエローだとしよう。
そこでピックアップされるのは、やれコートだ、やれバッグだ、
やれアクセサリーだの、ファッションや雑貨に関するものばかり。

なぜ、イエローだったら
総武線電車、西武鉄道などを取り上げないのか！
スカート以上にチャーミングだぞ、と言いたくなる。
（これは、鉄道に対する思い入れが強いからではなく、
公平？に見てもチャーミングだと思う。）
鉄道はこの本からも分かるように、
どんな色が流行色になろうと対応可能なのに…。

今年の流行色は何色になったのだろうか。
願わくば、是非、その色を身にまとった鉄道車体に
スポットライトが当たらんことを…。

イロい話　その3

ことわざを勘違いしてはいけない。
朱に交われば赤くなるから、というのが私の祖父の口癖《くちぐせ》であった。
と言うと、何のことか意味不明だろうが、
祖父は明らかな勘違いをしていた。
祖父は、朱に交わればアカくなる、と言っていたのだ。

アカくなる。
まあ、ここで思想の話をしたからと言って、
誰の迷惑にもなりはしない。アカとは共産主義者のことである。
何と祖父はその意味で使っていたのだ。
思想的にいかがなものか、と思われる連中と
(いかがなものか、とは私は個人的に全く思わないけれど。)
つるんでいると、お前も共産主義者になってしまうぞ、という意味である。
とんでもない勘違いだ。気づくまでおかしいと思っていた。
高校や大学の友人の話(政治的だったのかはさっぱり覚えていない)
をした時に、よく口にしていて、ヘンだな、ヘンだな、と。

大朝日新聞の大コラムに、
なぎらけんいち氏の「酒《しゅ》に交われば…」というものがあるが、
これは勘違いではなく洒落《しゃれ》で使っている上に、
さらには酒にまつわる小話だから二重に洒落ている。
祖父のとは大違いだ。しかし、なぜアカは赤色なのだろうか。

それは何とフランス革命にまでさかのぼり、
革命軍が赤旗をかかげたことが始まりらしい。
ちなみに、中国国旗は「赤」ではなく「紅」である。
洒落ている。
でも少し考えれば、赤色は共産主義国家以外も使っているし、
日本の日の丸だって赤（厳密には朱色）。
まあ、赤は警戒色（信号機を見よ）だから、
みんな目立ちやすい色として採用しているのだと思う。
あのナチスが赤色をマークに使っているところを見れば、
やはり、目立つからなんだろう。
（反・共産主義を掲げているナチスが
臆面《おくめん》もなく赤色を使っているのは興味深い。）
人間は、思想までも色でラベリングしているのだ。

さて、産経新聞の左上をご存知だろうか。
「保守」を自他共に認める産経新聞の左上にあるのは、そう。
アオハタの青い旗なのだ。
やはり赤旗ではなく、青い旗。
洒落だとしたら、考えた奴はかなりの使い手だ。
産経新聞の人と知り合いになったら、一度聞いてみたい。

イロい話　その4

黒づくめの後輩が同じ会社にいるのだが、もう、何てったって怖い。
いや、服装はもちろん、というよりも
顔や表情や目つきが怖い上に、黒づくしだから怖いのだと思う。
しかも彼、冬場は赤いストールを巻いている。
遠目からもすぐに「彼だ！」と認識できる。

最近も、橋の上から（会社の近くに大きな橋がある）JRの駅を
ちらりと見たときに、ホームで風にたなびく黒と赤を見かけたときなんて、
ゾクっとした。

彼だ。

顔は見えないけれど、あそこには彼がいる！と。

その彼が一度、全身真っ白の装いで現れた日があった。
快晴の雲ひとつない日で、しかも席の周りには彼と私だけ。
（私の会社は、全員出払っているときなどがあり、珍しいことではない。）
あの日は何かの儀式だったんだろうか。
黒魔導師のようであった彼が、一瞬、聖職者に見えた。
突然の塗装変更は、人の印象を簡単にリセットしてしまう。

この作用を利用（悪い意味ではない）した例は、
鉄道車体にもある。

この本にも載せたJR西日本207系である。
207系は福知山線の脱線事故を起こした車両でもあったことから、
事故後しばらくして塗装が変わっていた。
私の実家は必ず福知山線を使うので、久しぶりに帰省したときに
何か見かけない車両がいるなあ、
と思えば塗装変更後の207系だった。
公式発表はないが、報道などによれば
「事故を思い起こさせるような色」ということから、
変更が行われたという。
ただ、「思い起こさせる」だけに、事件を風化させないため、
あえて、ずっと事故当時の塗装を貫き通すという考え方も
あったのではないだろうか。

話を戻すと、例の彼はその後、
白づくめの格好で現れていない。
（私が目撃していないだけかもしれないが。）

イロい話　その5

カラフルな時代になったものだ。もちろん服が、ではなく鉄道。
戦前や戦後すぐの鉄道写真を見ると、けっこう暗い色なのだ。
暗いと書くと、ダサいと勘違いしてしまう人も多いけど、
決してダサくはない。ただただ暗い。
黒ずんだぶどうの色（明快に言い当てられるとかっこいいが）、
濃い茶、薄い黒…。暗いのだが、渋く、かっこいい。
カラフルな色は、どこか子どもらしさ、
よく言えば、かわいらしさがあるが、
戦前や戦後すぐの鉄道たちは、「富国強兵！」的なたたずまい。
どうして、ピンク！とかで塗ったりしなかったんだろう。
南満州鉄道の「あじあ号」、実はピンクでした！
とかっだたら、素敵なのにな。
あ、でも、威厳ないからダメか。やっぱり。
こういう思考回路で、暗い色ばかりになったのかは分からないが、
世相を反映しているはずだな、きっと。

話が逸れた。
で、その暗い色、いつからカラフルになったのか。
「湘南電車」から、と言われている。
そう、かぼちゃ電車。と言っても、まだピンと来ないかもしれない。
関東にお住まいの方ならご存知の、
あの、東海道線を走っている「橙《だいだい》色と緑」のツートンカラー。
当時、東海道線のあたりはかぼちゃの名産地で、
それにちなんで、あの配色に…

というのは全くのデタラメ。

単に「車体の腐食」を防ぐ目的だったようだ。
その後、鉄道の色はこの本で見るように、
年々、カラフル化の一途をたどっていく…。
のだが最近は、先祖返りしつつある。
毎日乗っている車体を想像すると、
ド派手なものは意外と少ないことに気づく。
戦前の「黒さ」はないものの、銀色や灰色が目立ちはしないか。
ステンレスやアルミ製の車体へ進化するとともに、
もはや「車体の腐食」を気にしなくてもよくなったからだ。
しかも大いに塗装を施すこと自体、
この時代、大いに省エネでない。
あ、ということは、この話の一行目を訂正しなければならない。
カラフルな時代も、落ち着いてきたものだ。

おわりに

この「おわりに」から読んでるあなた、
こんなところを読んでるヒマがあったら、
最初から一体ずつ見ていってやってください(笑)。

さて、いかがでしたでしょうか。
イマジネーションはかきたてられたでしょうか。

何じゃ、こいつ！というものから、
はいはい、これね、これね、昔よく乗ったなあ、
なんて思うものまで、
様々なイメージが心の中に浮かんできたと思います。

私の場合は、阪急電車の通称、マルーン色が、
最も色んな思い出をよみがえらせてくれます。
(生まれて初めて目にしたのが、阪急京都線なのです。)

私はいわゆる、ガチな鉄ちゃんではないので、
各車体、各鉄道会社の詳細まで事細かに、
重箱の隅まで把握している訳ではありませんが、
各車体の「色」「パターン」については、
強い思い入れがあります。

それぞれの車体につけている「一言」は、
私の思いを凝縮した一行です。

最近、新しく登場してきた車体は、
みな、押しなべて銀色でメタリックなだけのものが
多い気もしていますが、突然変異のように、
個性的なものが出現する可能性も十分あると思っているので、
数年後、またパート2が
出せるほどになるのを、夢見ています。
その時は、この本を買っていただいた皆さま、
よろしくお願いしますね。

最後に、この本の共同企画者である小杉幸一くん、
始終、温かい目で見守っていただいた
朝日出版社の皆さまには、厚く感謝を申し上げます。

下東 史明

下東史明（しもひがし ふみあき）

東京大学法学部卒業後、コピーライターとして活躍。
東京コピーライターズクラブ新人賞ほか、多数の広告賞を受賞。
「食と健康」の知識から「鉄道」に至るまで、
様々なカルチャーに精通。
著書に、『食べものドリル』（大阪書籍・2008年・現在、版元の都合により絶版）がある。

トレインイロ
2009年6月30日 初版第1刷発行

企画・著者／下東史明

企画・アートディレクション／小杉幸一

デザイン／中尾宏美（SYRUP）、岩崎彬江（SYRUP）、椿 武

発行者／原 雅久
発行所／株式会社 朝日出版社
〒101-0065 東京都千代田区西神田3-3-5
電話／03-3263-3321（代表）
http://www.asahipress.com
印刷・製本／図書印刷株式会社

ISBN978-4-255-00479-2
©Fumiaki Shimohigashi, 2009 Printed in Japan
乱丁本・落丁本がございましたら小社宛てにお送り下さい。
送料小社負担でお取り替えいたします。
本書の全部または一部を無断で複写複製（コピー）することは、
著作権法上での例外を除き、禁じられています。

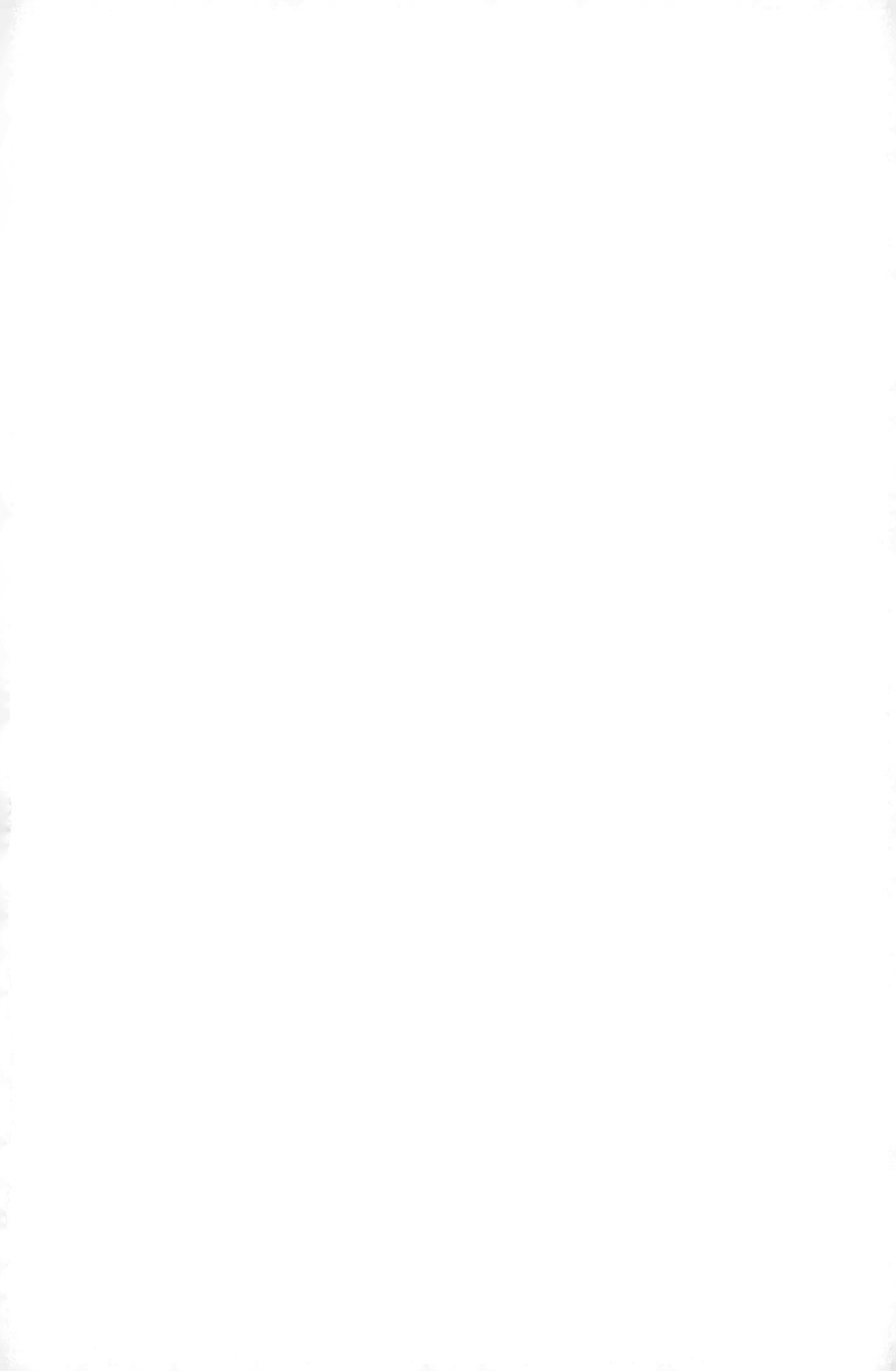

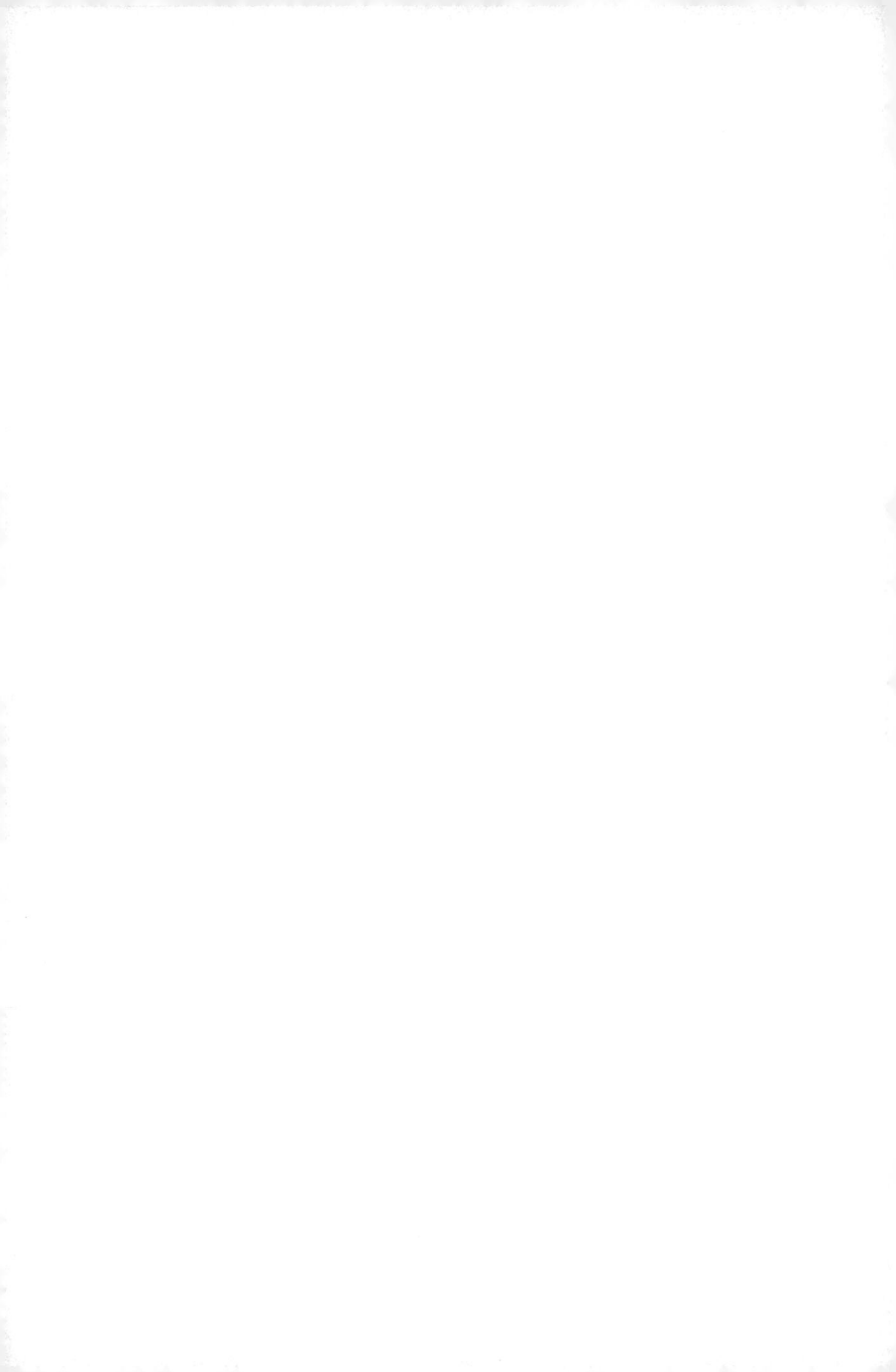